U0332829

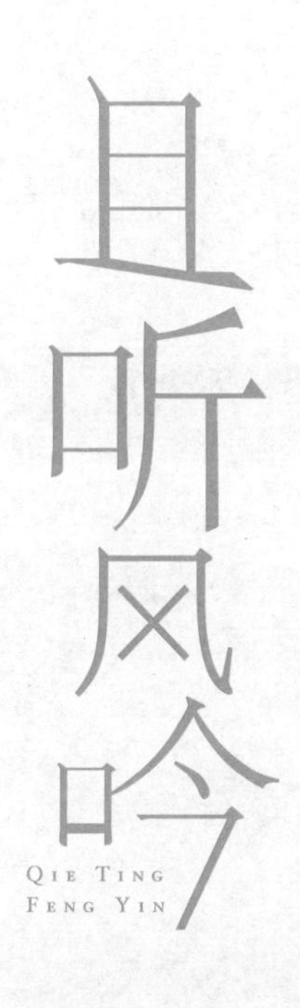

中国友谊出版公司

图书在版编目（CIP）数据

且听风吟 / 创美工厂编. —— 北京 ：中国友谊出版公司，2017.9
ISBN 978-7-5057-4185-0

Ⅰ. ①且… Ⅱ. ①创… Ⅲ. ①本册 Ⅳ. ①TS951.5

中国版本图书馆CIP数据核字(2017)第223856号

且听风吟

出 品 人 许 永　**设计总监** 海 云
责任编辑 许宗华　**插图&设计** 石 英

创美工厂 **编 著者**
中国友谊出版公司 **出版**
中国友谊出版公司 **发行**
新华书店 **经销**
北京中科印刷有限公司 **印刷**
787×1092毫米 32开 **规格**
6印张 10千字
2017年12月第1版 **版次**

印次 2017年12月第1次印刷
书号 ISBN 978-7-5057-4185-0
定价 48.00元
地址 北京市朝阳区西坝河南里17号楼
邮编 100028
电话 （010）64668676

纪伯伦。泡沫艺

纪·哈·纪伯伦

沙与

阿拉伯文学

黎巴嫩

术

画家

1883年—1931年

天

诗人

东方精神

文坛骄子

抒发丰富的情感

才

《沙与沫》（Sand and Foam）是纪·哈·纪伯伦的散文诗集。它是纪伯伦最著名的作品之一。作者以自然景物“沙”、“泡沫”为比喻，寓意着人在社会之中如同沙之微小，事物如同泡沫一般的虚幻。

天才是初春迟来的一首知更鸟之歌。

如果冬天说：

“春天在我心里，”

还有谁会相信冬天？

上帝的第一个念头是天使。

上帝的第一个字是人。

我是个旅行者，也是个航海者。

每一天，我都在自己的灵魂深处

发现一块新天地。

曾有七次，我轻蔑我的灵魂：

第一次：我看到她将升腾，但却故作谦逊。

第二次：我看到她在残者面前跛行。

第三次：她在难与易之间选择了易。

第四次：她犯错，却用别人也会犯错为藉口，宽容自己。

第五次：她容忍软弱，并将其忍耐归咎于坚强。

第六次：她轻蔑某张丑脸，却不知道那正是她自己的面具之一。

第七次：她唱着赞颂的歌，并视之为美德。

天堂就在那里，

在那道门之后，在隔壁的房里；

可是我把钥匙弄丢了。

或许我只是把钥匙放错地方。

每一粒种子都是一个盼望。

我们不要太挑剔，也不要分派系。

诗人的心思和蝎子的尾巴，

都光荣地源于同一块土地。

用光明的手，在光明的书页上，
写上光明的话语，那就是爱情。

能够把手指放在善恶分界的人，
就是能够摸触上帝衣角的人了。

如果你的心是一座火山，

那么，你怎么能期待花儿在你心中绽放？

千年以前，我的邻人对我说：

“我厌恶生命，因为生命不过是痛苦之物。”

昨天我经过一处墓地，

看见生命在他坟上跳舞。

我们的上帝在他慈悲的干渴中，

把朝露与泪水一饮而尽。

是的，涅槃是有的；
就在你带领羊群到绿色牧地之时，
就在你哄孩子入眠之时，
在你写最后一行诗时。

我渴望不朽，因为在那里会遇见

我未写的诗和未画的图。

门活着只为了寻找美。

也的一切，都只是形式上的等待。

生命如果找不着歌者唱颂其心，

她就会降生一位哲人述说其意。

诗不是未表达的意见。

诗是一首从汩汩伤口，

或是浅笑唇间升起的歌。

好奇怪！

我们为自己的过错辩护，

要比我们为正义而辩，

来得更有力。

如果不是因为我们有度量衡的概念，

我们就会把萤火虫当作太阳一样的敬畏了。

如果我把你所知道的一

都拿来装满自己

那么，我哪还有空余之

来装你不知道的东西

]多话者学习沉默，
狭者学习容忍，向冷酷者学习仁慈，
好奇怪，我并不感谢这些老师。

在人的幻想与实现之间有一处天地，

惟有他的渴望得以横渡。

聆听真理的人并不比述说真理的人逊色。

世上只有两种元素：美和真；

美在爱人的心中，

真在大地耕者的臂中。

如果你对风吐露秘密，

你就不能怪罪风对树透露你的秘密。

春花是天使在早餐桌前述说的冬梦。

长久以来，你是母亲睡眠中的一个梦，

她醒来后就把你生下。

一个人的真实不在于他所披露给你的，

而在于他所不能披露给你的。

所以，如果你要了解他，

请不要听他说过的，

而要听他没说过的。

如果你愿意
超越种族、
国家和自我，
哪怕只是一肘尺长，
你就真的变成像神一样。

虽然身在孤寂的沙漠中，

如果你高歌美丽，

你将拥有知音人。